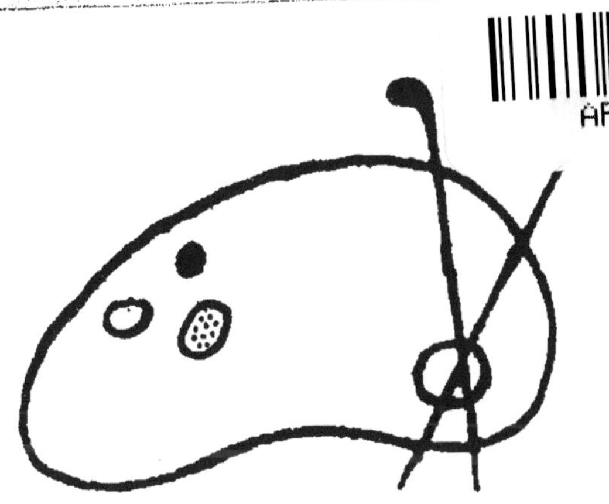

Début d'une série de documents
en couleur

EXPOSITION UNIVERSELLE DE 1900

Groupe XI, Classe 63
ET
Groupe XVII, Classe 114

MATÉRIELS DE SONDAGE

Ancienne Mon DEGOUSÉE & Ch. LAURENT

Édouard LIPPMANN & Ce
INGÉNIEURS CIVILS
47, Rue de Chabrol, 47 — PARIS

NOTICE

PARIS
IMPRIMERIE NOUVELLE (ASSOCIATION OUVRIÈRE)
11, RUE CADET, 11

1900

CONTINUUS LABOR VITA
FIAT LVX
IMPRIMERIE NOUVELLE
ASSOCIATION OUVRIÈRE

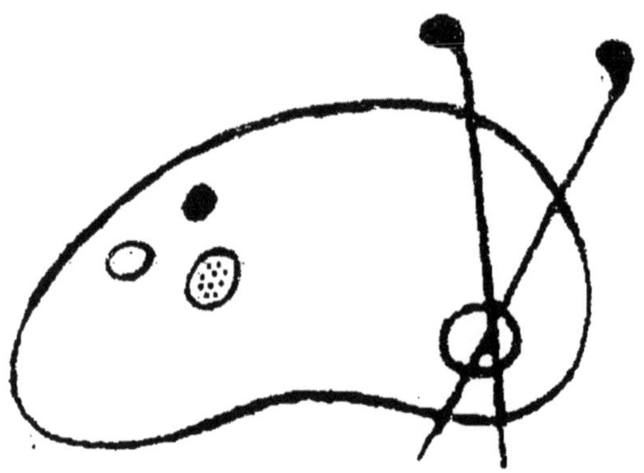

Fin d'une série de documents
en couleur

EXPOSITION UNIVERSELLE DE 1900

Groupe XI, Classe 63

ET

Groupe XVII, Classe 114

MATÉRIELS DE SONDAGE

Ancienne M^{on} DEGOUSÉE & Ch. LAURENT

Édouard LIPPMANN & Ce

INGÉNIEURS CIVILS

47, Rue de Chabrol, 47 — PARIS

NOTICE

PARIS

IMPRIMERIE NOUVELLE (ASSOCIATION OUVRIÈRE)

11, RUE CADET, 11

1900

NOTICE

SUR LES

MATÉRIELS ET PROCÉDÉS DE SONDAGES

PRÉSENTÉS PAR

MM. Édouard LIPPMANN & Cᵉ

DANS LES EXPOSITIONS

DES

MINES ET DE LA MÉTALLURGIE

(Groupe XI, classe 63) au Champ de Mars

ET DU

MATÉRIEL COLONIAL

(Groupe XVII, classe 114) au Trocadéro

CLASSE 63

Aspect général. — Notre installation a été organisée de manière à permettre au visiteur d'embrasser d'un coup d'œil l'étendue de nos moyens d'action, le vaste champ de nos opérations, et de se rendre compte rapidement des progrès que nous avons pu réaliser dans l'art des sondages.

C'est ainsi que, en entrant dans l'emplacement que nous occupons, on voit juxtaposés la petite sonde de 2 mètres et de 45 millimètres de diamètre, et le *trépan à chute libre* pour forages de 4 ^{m} 20 de diamètre, utilisé pour les fonçages de puits de mines par la méthode *à niveau plein et à pleine section*.

En même temps se présentent deux coupes de sondages, actuellement en cours d'exécution, l'un, à l'extrémité de la France, à Marseille, dans la grande stéarinerie Fournier (profondeur : 424 mètres), l'autre, en Cochinchine, à Tan-an (profondeur : 178 mètres), entrepris pour recherches d'eaux artésiennes destinées à l'alimentation des postes militaires et des comptoirs industriels de notre nouvelle colonie du Tonkin.

Un peu plus loin, nous avons groupé les emmanchements à vis des *tiges de sonde* qui entrent dans la composition du matériel pour recherches depuis quelques mètres de la surface du sol, jusqu'aux profondeurs de 1,000 à 1,500 mètres; à côté se dresse toute la série des *clefs de relevée* servant à la manœuvre de ces différents appareils, et l'attention est particulièrement appelée sur l'aspect imposant de celui de ces instruments qui se rapporte aux sondages les plus profonds ou de grandes sections.

De même aussi nous avons installé, au fond, un atelier complet pour petits sondages de 40 à 50 mètres, avec *chèvre en fer*, légère et facilement démontable, munie d'un *treuil-applique* à manivelles, qui forme antithèse avec un autre treuil placé tout contre et qui, manœuvré par un moteur, s'emploie pour atteindre les profondeurs de 400 et 500 mètres. D'ailleurs, ce petit atelier est encadré, à droite et à gauche, par deux grands modèles, figurant les installations de sondages très profonds ou à grande section; par la présentation en nature de l'appareil de descente d'un long et lourd cuvelage; et par un pylône composé de toute la gamme des colonnes usuelles de tubes se succédant, de cinq en cinq centimètres, depuis le diamètre de $0^{m}910$ jusqu'à celui de $0^{m}080$.

Description détaillée. — Sous une sorte de portique constitué par quatre longs tubes verticaux, en tôle d'acier, de 8 mètres de longueur, faits chacun *d'une seule pièce*, et ayant respectivement des diamètres de $0^{m}310$, $0^{m}260$, $0^{m}210$ et $0^{m}165$, se trouve au premier plan, à droite, un modèle d'atelier de sondages pour profondeur de 400 à 500 mètres, avec *chèvre en bois*, *treuil de manœuvre*, *treuil de nettoyage à la corde* et *moteur pour battre à la chute libre, à débrayage* ou *à poids mort*.

Au centre, le *trépan* pour forage de 4 ^{m} 20, disposé pour entrecroiser les traits d'attaque du fond; son poids d'action, en *chute libre*, est de 20,000 kilogr.; au-dessous de lui, la *cuiller à compartiments et à tympans* qui opère le curage, et dont le poids, en charge, est de 18,000 kilogr., ce qui oblige à faire sa manœuvre au jour à l'aide d'un truc sur rail.

A gauche, un autre atelier de sondages profonds avec *chèvre en fer*, *treuil à vapeur à deux cylindres couplés*, *forage à la chute libre à choc*, à l'aide d'un *cylindre batteur* à vapeur.

Derrière, et en bordure sur la voie de circulation, toute la série d'outils employés dans les sondages de dimensions courantes : *Trépans en acier*, *plats et à gouges*, *trépans découpeurs*, *emporte-pièces*, *tarières ouvertes*, *tarières à sabots*, *tarières rubannées*, *langues-gouges*, etc.; les outils de sauvetage tels que *cloches à vis*, *caracoles*, *pinces à vis*, *tire-bourre*, *tarauds*, *cloches à galets*, *pince-lames*, etc.; les instruments se rattachant aux opérations de tubages : *rivoirs*, *élargisseurs à tendeurs*, *à ailes*, *à excentrique*, *coupe-tuyaux à galets*, *à encliquetage et à vis*, *lime-tuyaux*, *arrache-tuyaux à galets et à vis*, *pique-tuyaux*, etc., etc.

Revenant au centre, nous trouvons un modèle d'atelier de sondages à bras, pour profondeurs de 100 à 150 mètres, avec *chèvre en bois* et *treuil de manœuvre à manivelles*; et, dans la même ligne centrale, en avant, deux autres modèles représentant l'un, un *puits à cuvelage filtrant* (breveté s. g. d. g.) muni d'une *pompe à fourreau*, à piston équilibré; l'autre, un puits foré, avec cuvelage d'assez grand diamètre pour permettre le logement d'une *pompe à fourreau, à double effet,* sans contrepoids d'équilibre, et descendue jusqu'à la base du forage, afin d'obtenir un gros débit en recueillant l'eau de l'ensemble des nappes rencontrées à divers étages.

En face, se dresse *la pince à vis,* utilisée pour repêcher des lames de trépan ou autres débris, échoués au fond d'un forage à grande section. Cette pince est à articulations et à vis; les bielles d'articulation sont, par paires, d'inégales longueurs, afin de donner à deux des griffes correspondantes un mouvement plus ralenti que celui de l'autre paire : de cette façon, les deux premières cherchent, et ne font que ramener vers le centre du trou, l'obstacle que vient saisir solidement l'autre paire, dont les griffes peuvent se rapprocher jusqu'au contact.

A côté, se tient debout un modèle de *trépan à porte-lames et à lames clavetées.* Cette disposition spéciale aux outils de gros diamètres est nécessaire pour la facilité du reforgeage et de la trempe du taillant de l'outil. Il existe un très grand nombre de systèmes analogues, nous en présentons un autre, pour lame unique de plus petite dimension, dans la pièce adossée au pylône tubulaire.

Devant le treuil, un modèle de forage d'un *puits absorbant,* garni de son cuvelage spécial, *lanterné* en face de la couche absorbante, et isolé des couches supérieures par un lit et une enveloppe de béton pour couper toute communication avec la nappe des puits ordinaires. Les eaux usées ou résiduaires arrivent dans le tube du forage, en tombant dans l'avant-puits revêtu d'une maçonnerie étanche, après avoir passé dans les chambres de décantation et de filtration qui sont construites en avant de cet ouvrage.

En jetant les yeux à droite, on aperçoit un tubage ordinaire de 0 m 410 de diamètre, dont une partie *lanternée,* et qui est armé de l'appareil de *vis de pression* servant à pousser les colonnes de tuyaux à travers les terrains, pendant l'action simultanée, au pied de celles-ci, d'un *outil élargisseur* pour dégager les parois du trou de sonde.

Tout contre se trouve le gros *outil à galets et à vis* qui a servi à descendre, au puits de la place Hébert, le cuvelage de 1 m 10 de diamètre et de 718 mètres de longueur, destiné à revêtir le puits sur toute sa hauteur. On voit la prise de cet outil dans un tronçon éventré de ce cuvelage qui ne pesait pas moins de 600 kilogr. par mètre, soit au total 430,000 kilogr. environ. Le tronçon exposé faisait partie d'une grosse fraction de ce cuvelage qui a été extraite du forage, toujours avec le même outil, à la suite d'un grave accident.

Le long de la paroi extérieure du cuvelage précédent sont disposés, à la suite les uns des autres, une *coulisse de chute libre à débrayage*, des *cuillers à clapet*, à *boulet*, à *mèche de tarière*, *un rivoir* pour l'assemblage des tuyaux, et des outils divers qui viennent compléter là l'outillage du petit chantier de sondage, contre la chèvre duquel s'appuient les tiges et autres instruments du même atelier.

Auprès du dernier grand modèle de gauche est placée une portion de *cuvelage filtrant* de 0 m 400 de diamètre, faisant pendant, de l'autre côté, à une grosse *cuiller à tympan* pour forage de 0 m 500 de diamètre.

Nous ne détaillons pas le modèle pour sondages profonds, ni les outils qu'il contient, le tout ayant déjà figuré à la dernière Exposition universelle.

Nous appelons l'attention sur le modèle de droite, parce qu'il représente l'installation, sur pilotis, d'un atelier de sondages à grands diamètres, pour établir à travers des terrains meubles et noyés, des fondations tubulaires pour ponts. Dans l'intérieur des cuvelages en tôle qui revêtent les forages jusqu'à la rencontre des terrains consistants, on descend de grosses colonnes creuses en fonte, qui reposent sur le fond solide, et portent à la tête une console circulaire sur laquelle se placeront les semelles du tablier du pont. L'intérieur de ces colonnes se remplit de béton; de même aussi, si on le juge utile, tout l'espace annulaire entre leur extérieur et l'intérieur du cuvelage en tôle.

Ce procédé nouveau, qui nous semble appelé à offrir de sérieux avantages dans un grand nombre de cas, est présenté ici encore pour la solution d'un problème intéressant et original, dont nous avons conçu le projet. La mise à exécution de celui-ci est proche, les études préparatoires en sont terminées, et le chantier des travaux exige une installation tout à fait semblable à celle de notre modèle.

La Société l'Union électrique de Saint-Claude (Jura) prend sa force hydraulique à l'usine du Pont du Morder, sur l'Ain, dont le volume d'eau diminue considérablement en été : les jaugeages ont indiqué qu'il lui faudrait faire récupérer à ce cours d'eau des suppléments variables pouvant atteindre jusqu'à 400,000 litres par heure. Cet appoint peut, sans inconvénient, être emprunté au lac de Chalain, à condition de ne pas produire sur le niveau de celui-ci une dépression de plus de 10 mètres. Un tunnel-aqueduc de plusieurs kilomètres se creuse à partir de l'emplacement de l'usine de force motrice, et aboutira, en restant dans des couches solides jurassiques, à vingt-cinq mètres environ au-dessous du fond du lac au point correspondant à l'emplacement du fõrage à grande section que nous nous chargeons d'exécuter, et qui devra, bien entendu, être terminé avant que le tunnel ne soit arrivé à son terminus. La profondeur du forage atteindra quelques mètres au-dessous de la cote du radier du tunnel : il sera revêtu, sur toute sa hauteur, d'un cuvelage en fonte, étanche, avec une boîte à mousse qui fera joint dans les couches compactes existant au-dessus de la voûte du tunnel ; le cuvelage se continuera au-dessous de celle-ci, jusqu'au fond du forage, avec de larges ouvertures ou fenêtres ménagées dans sa paroi de fonte. Puis nous remplirons d'un bétonnage soigné tout l'espace annulaire extérieur, au-dessus de la boîte à mousse, jusqu'à dix mètres en contrebas du niveau de l'eau du lac. Aux anneaux de fonte, au-dessus de la tête du béton, seront adaptées de grosses vannes qui, fermées, maintiendront le lac à son niveau normal. Dans cet état de choses' on achèvera le creusement du tunnel jusqu'à la rencontre de la partie fenestrée inférieure du cuvelage, et alors il suffira d'ouvrir à volonté une, deux, trois vannes, etc., pour amener à l 'usine l'eau qui faisait défaut, en ne produisant sur le lac que la dépression qu'on voudra, sans que celle-ci puisse dépasser la limite imposée de dix mètres.

Dans l'une des vitrines de ces modèles on aperçoit un groupe de témoins cylindriques de roches naturelles extraites, dans nombre de sondages, à des profondeurs dépassant 600 et 700 mètres, au moyen de nos trépans découpeurs à 4 et 6 lames.

Notre exposition se complète par la présentation de photographies, de tableaux reproduisant les puits artésiens que nous continuons depuis 1856, à creuser au Sahara, où ils atteignent aujourd'hui le nombre de près de 900, ainsi que les petits animaux qui sortent vivants d'un certain nombre de ces puits.

D'autres dessins et coupes géologiques rappellent un petit nombre des forages éxécutés par notre maison à Paris, en France, en Tunisie, au Tonkin, au Sénégal, aux Indes-Françaises et dans nos autres possessions coloniales, dans la plus grande partie

*

des Etats d'Europe, ainsi que, nous pouvons le dire, dans les quatre autres continents.

Partout, comme on peut s'en rendre compte, il est facile de constater que nous nous préoccupons toujours de la nécessité d'arriver au résultat cherché en perdant le moins possible du diamètre initial; et c'est parce que nous nous appliquons exclusivement à cette manière de faire, que nous nous ingénions à créer ces instruments ou appareils variés, dont l'usage nous permet d'imprimer aux colonnes de tuyaux tous les mouvements nécessaires de pénétration, de rotation, d'extraction, en recépant, pour les sortir à l'achèvement des travaux, les portions qui seraient superflues, et en lanternant sur place celles qui masqueraient des venues d'eau utilisables. Il est bon d'ajouter, d'ailleurs, que notre mode d'assemblage des tuyaux, par manchons rivés, favorise ces opérations, non seulement par la rigidité et la solidarité qu'il donne à toute la longueur des colonnes, mais aussi par l'effet du contact bout à bout des tôles à leur jonction, au moyen duquel nous pouvons exercer, du haut ou du bas, toute la pression ou toute la traction voulues sans avoir à redouter le cisaillement des rivets d'assemblage.

De 1889 à 1900. — Nous ne donnerons pas ici la nomenclature des travaux qui, au nombre de plus d'un millier, ont enrichi, dans ces onze dernières années, les albums et les archives de notre maison, apportant un utile concours aux Établissements, aux Villes, aux grandes Sociétés, aux grandes Administrations publiques ou privées, qui ont eu recours à nos procédés pour se procurer l'eau qui leur était nécessaire; pour rechercher le charbon, le sel, le pétrole, les minerais de toutes sortes; pour les études de canaux, de ponts, de routes, de chemins de fer, de fondations de tous genres; pour perdre des eaux usées ou résiduaires; pour réglementer, par des puits absorbants sur les berges, le régime de certains lacs dépourvus de déversoirs naturels, comme nous avons eu à le faire aux Açores pour le gouvernement portugais; pour établir des fourneaux de mines dans les ponts; pour l'aération des tunnels, etc., etc.

Nous voulons seulement passer rapidement en revue les progrès ou perfectionnements que nous avons été assez heureux de pouvoir réaliser, dans notre industrie spéciale, depuis la dernière Exposition universelle de Paris.

Et tout d'abord, pour n'avoir pas à y revenir, nous ne faisons que rappeler, à ce titre, les deux nouvelles applications des sondages à grande section que nous avons signalées plus haut pour les fondations de ponts tubulaires, et pour la création de chutes d'eau compensatrices par prises limitées dans les lacs ou étangs.

Puis nous exposons sommairement les nouveaux procédés que nous avons imaginés pour les puits forés, dans lesquels nous devons recueillir et utiliser le plus grand volume d'eau possible. Les moyens mis en pratique dans ces dernières années ont donné les meilleurs résultats dans nombre de puits exécutés, notamment à ou près de Paris, pour la Compagnie générale des Omnibus, la Compagnie générale des Voitures, les Usines à gaz, les Secteurs électriques, l'hospice Laënnec, la Brasserie Nouvelle Gallia, le Palais de Glace, la Société des Glacières de Paris, l'Ecole centrale des Arts et Manufactures, l'Usine Mouton, la Bougie de l'Etoile, les Etablissements des frères Saint-Nicolas, à Igny, l'Ecole Fénelon des frères, à Vaujours, les châteaux de Marienthal (M. Mouton), du Boulleaume (M. de Chézelles), de la Mormaire (M. Marinoni), de Ferrières (M. de

Rothschild), les villes de Chantilly, de Saint-Denis, de Rambouillet, de Bû, etc., etc.

Afin de recueillir, dans le puits, à l'aide de pompes plongeant aussi bas que possible, l'eau des diverses nappes renfermées dans les terrains explorés, il est nécessaire d'atteindre la base de ceux-ci avec un grand diamètre, afin que le cuvelage définitif conserve une section qui lui permette de recevoir la pompe puissante à loger dans son intérieur. D'autre part il est indispensable que toutes les nappes à utiliser déversent leurs eaux dans ce cuvelage. Enfin il importe que ce dernier ait une section unique, du haut en bas, pour livrer un passage libre et facile aux brides de jonction des tuyaux de la pompe.

Tel est le programme que nous avons posé et que nous exécutons maintenant de la façon suivante :

Le diamètre initial du forage, qui varie, suivant les cas, entre $0^{m}400$ et $0^{m}800$, peut être conservé sans grande réduction jusqu'à la fin du forage, grâce aux moyens d'action que nous pouvons mettre en œuvre. Pendant le travail, nous observons avec attention les rencontres de couches aquifères, nous faisons sur la nature de leur eau et leur puissance toutes les constatations possibles ; puis, pour ne pas perdre de diamètre, nous les franchissons avec le tubage plein qui nous a servi à arriver jusqu'à elles.

Parvenus ainsi à la limite d'approfondissement nécessaire, nous avons un forage tubé sur toute sa hauteur en colonnes pleines. Nous descendons alors le cuvelage définitif à section unique, en interposant des parties lanternées bien exactement en regard de chacune des nappes reconnues utilisables. Le lanternage est fait en trous ronds de 4 à 6 millimètres de diamètre, ou en traits de scie extrêmement fins, suivant que les couches aquifères sont composées d'éléments sableux plus ou moins ténus. La totalité du lanternage représente à chaque étage une section équivalente à au moins trois fois celle du cuvelage. Nous extrayons ensuite le ou les cuvelages pleins extérieurs en ayant soin, comme dernière opération, d'envelopper le cuvelage central d'une chemise de béton, dans toute la partie supérieure, afin de faire l'isolement parfait des eaux du forage de celle de la nappe d'infiltration superficielle qui est le plus souvent sujette à la contamination, ou au moins de qualité médiocre.

Les forages exécutés par ce procédé nouveau et rationnel reçoivent, comme nous l'avons dit, des pompes plongeant aussi près de leur base que possible : ce sont des *pompes à fourreau* que nous construisons sur les deux types figurés par les modèles de démonstrations que nous avons exposés. Ces pompes sont aspirantes et élévatoires, à *simple* ou à *double effet* suivant qu'on désire obtenir un plus ou moins fort volume d'eau. Avec les pompes à deux pistons nous obtenons, dans des forages de $0^{m}50$ de diamètre, jusqu'à 180,000 litres d'eau par heure.

Comme conséquence de ce qui précède, il est facile de comprendre que nous ayons à chercher tous les moyens de nature à faciliter la conservation du diamètre initial du forage, c'est-à-dire à faire descendre aussi loin que possible le ou les premiers cuvelages pleins qui maintiennent les parois du forage jusqu'à son achèvement. Si, à l'aide de nos outils élargisseurs, nous réussissons à bien dégager le pied du cuvelage et à préparer sa libre descente à travers la couche sur laquelle il reposait, il nous reste toujours à vaincre l'obstacle qu'occasionnent la compression, le frottement des terrains, des parois du trou contre la surface extérieure du cuvelage. Cette résistance, contre laquelle agissent nos *vis de pression*, est d'autant plus grande que la paroi externe du tube présente plus de parties saillantes, comme le sont les doubles épaisseurs de tôle qui constituent les manchons de jonction des tronçons entre eux. Nous faisons chanfreiner les bords inférieurs et supérieurs de ces manchons, mais il n'est pas douteux que le mieux consiste à réduire, dans la plus large mesure possible, le nombre de ces jonctions ; et c'est pour cela que nous nous attachons à donner aux tronçons de tuyaux toute la longueur des plus grandes feuilles de tôle que nous pouvons obtenir des forges. Nous sommes limités par les dimensions des cylindres des machines à cintrer, qui ne font encore pratiquement que des longueurs de quatre mètres. Mais nous cherchons mieux ; et nous présentons des tuyaux de 0^{m}310, 0^{m}260, 0^{m}210, 0^{m}165 et même 0^{m}125 de *huit mètres de longueur* d'une seule pièce, qui ont été cintrés à froid dans nos ateliers par un tour de main particulier, que nous comptons pouvoir rendre usuel, si les établissements métallurgiques arrivent à nous fournir ces longues feuilles couramment et sans trop d'exagération de prix.

La résistance que nous éprouvons à faire descendre les tubages pleins se retrouvent parfois, et avec plus d'intensité, quand nous avons à faire leur extraction. Nous avons bien nos *arrache tuyaux à galets et à vis*, qui, solidement ancrés au pied du tube, nous permettent d'exercer avec sécurité les plus puissants efforts solidairement à la base et à la tête des colonnes. Mais il arrive que rien n'y fait, et alors nous avons à mettre en œuvre les *coupe-tuyaux* pour extraire par tronçons tout ce que nous pouvons du tubage récalcitrant, et à faire dans le forage même le lanternage, en bonnes places, de la portion inférieure.

Le recépage des tuyaux se fait à l'aide du *coupe-tuyaux à encliquetage et à vis* que nous avons déjà présenté à la précédente Exposition universelle pour les diamètres courants, mais que nous avons dû modifier pour les tuyaux au delà de 0 m 550 de diamètre : soit à cause de l'épaisseur de la tranche de la couture qui faisait éprouver un brusque ressaut au galet tranchant, en forme de crochet de tour, soit pour toute autre raison, la section s'obtenait difficilement par suite de l'émoussement rapide de la pointe de l'outil. Nous avons remplacé avantageusement, dans ces cas-là, le crochet de tour par un galet à lime arrondie et plate, et ce perfectionnement nous fait obtenir avec ce *lime-tuyaux*, pour les grands diamètres, une section aussi nette que celle que nous donnait le *coupe-tuyaux*.

Le lanternage à effectuer sur le tube, dans le forage même, nous a conduits à imaginer un outil entièrement nouveau, *le pique-tuyaux :* c'est un instrument à quatre ou six branches verticales, articulées à leur extrémité inférieure, et actionnées à leur autre extrémité par un cône à vis, qui fait pénétrer dans la tôle les pointes en acier chromé dont elles sont munies. On peut, à volonté, régler la longueur de pénétration pour obtenir les trous de lanternage à la dimension nécessaire. On arrive à pratiquer 80 à 100 trous à l'heure dans des tuyaux de 4 et 5 millimètres d'épaisseur.

L'attention avait été appelée, à l'Exposition de 1889, sur notre système de *puits filtrants* (brevetés s. g. d. g.) à l'aide desquels nombre de communes, de grandes propriétés, etc., peuvent utiliser, pour leur alimentation, des nappes souterraines de bonne qualité, dont elles disposaient, mais dont l'emploi leur était interdit, parce que leurs eaux restaient troubles ou chargées de sables fins, impalpables (les sables de Fontainebleau, par exemple).

Depuis, nous avons apporté à ces appareils des

modifications utiles et assez importantes pour que nous ayons jugé nécessaire d'en faire l'objet d'un brevet de perfectionnement. Dans la construction nouvelle, le puits filtrant est séparé du terrain aquifère par une enveloppe en tôle lanternée qui permet de retirer le cuvelage-filtre, dans le cas où des dalles poreuses viennent à s'encrasser, ou si, pour une cause quelconque, une dalle arrive à se rompre; pour faciliter cette extraction, le fond de l'appareil est muni d'un solide emmanchement en fer par lequel on remonte l'appareil avec une *cloche à vis* comme on fait d'une sonde échouée dans un forage. Mais, dans cette opération, on trouve parfois une grande résistance occasionnée par le tassement incompressible des sables fins entre le cuvelage et son enveloppe, et, pour y remédier, nous avons imaginé de remplir cet espace, au moment de la mise en place du filtre, avec de la braisette, de la craie cassée en petits morceaux, ou toute autre substance remplissant le même but; de telle sorte qu'au moindre effort de traction cette matière cède en s'écrasant et en donnant libre passage au cuvelage qu'on veut sortir. Nous avons substitué aux premières plaques filtrantes, qui étaient façonnées avec un calcaire poreux, mais tendre et friable, des plaques fabriquées, dures, ayant un pouvoir filtrant supérieur à celui des anciennes; et cette innovation nous a permis d'ajouter encore un autre perfectionnement important, lequel consiste à fermer l'orifice supérieur du cuvelage filtrant à l'aide d'un obturateur hermétique, grâce auquel il se produit, à l'intérieur, un vide qui facilite et augmente la pénétration de l'eau de l'extérieur.

Nous aurions encore à signaler un certain nombre d'autres innovations réalisées dans ces dernières années dans notre outillage et nos procédés, telles que la substitution du fer au bois dans nos charpentes de manœuvre, pour les rendre plus facilement démontables et transportables ; les variétés nouvelles de clavetage des lames de trépan ; les modifications du *pince-lame*, à l'aide desquelles on extrait sûrement du premier coup, sans tâtonnements ni fausses manœuvres, les lames échouées au fond du trou de sonde ; les dispositions des chambres de filtration et de décantation à l'orifice des *puits forés absorbants*, etc., etc. Mais, pour ne pas lasser davantage l'attention du lecteur, nous passons à la description du récent brevet que nous venons de prendre pour un nouveau procédé qui, nous le croyons, répond bien aux aspirations modernes de l'art du sondeur.

NOUVEAU PROCÉDÉ DE SONDAGE. — Depuis que, dans ces dernières années, le besoin s'est fait sentir d'aller à la recherche des richesses minérales que la terre renferme à de très grandes profondeurs, on a voulu pouvoir parvenir, aussi vite que possible, à la découverte de ces trésors dont l'appât engendre une sorte de fièvre que le tempérament humain est incapable de maîtriser. Dans ce but, on a eu recours à différents procédés de sondage procurant un approfondissement accéléré et, parmi ceux-ci, celui qui a produit, dans ce sens, les résultats les plus étonnants c'est, sans contredit, celui qui a adopté simultanément le battage rapide et l'ancienne sonde creuse avec injection d'eau du procédé Fauvelle.

Il était de notre devoir de suivre le courant, mais nous tenions à honneur d'éviter le plus possible les écueils que nous avons signalés ailleurs (*), et dans ce but, nous nous étions posé le problème suivant :

Trouver un système qui produise le battage rapide

(*) Cinquantenaire de la Société des Ingénieurs Civils de France : *L'Art des Sondages de 1848 à 1898*. par Ed. Lipmann. Paris 1898.

avec emploi de la sonde creuse, en conservant, autant que possible, les dispositions générales et les transmissions de mouvement en usage sur nos grand ateliers ; et faire en sorte que, dès qu'il le faut, on puisse instantanément recourir au battage à chute libre avec ou sans injection d'eau, sans compter bien entendu le recours à l'usage des couronnes au diamant noir qui peut toujours se faire quand on agit par injection d'eau.

En nous réservant de pouvoir passer facilement au battage à chute libre, nous voulions être en état d'attaquer par percussion aussi énergique qu'il le faudrait, non seulement des passages trop résistants pour la sonde creuse rigide, mais aussi ceux dans lesquelles la déviation de cette dernière est à craindre : le nombre de coups par minute sera moindre avec la chute libre, mais ce ralentissement nous semble devoir s'imposer quand on quitte les morts terrains, et surtout, pour confectionner des *carottes* quand on croit approcher des couches qui sont intéressantes, soit pour la recherche même qu'on opère, soit encore pour la constatation des étages géologiques qu'on traverse.

D'ailleurs, et c'est là une des grandes particularités de notre invention, l'emploi de la chute libre avec injection d'eau, nous dotera, quand nous le voudrons, de l'économie du temps que prend le curage à la cuiller, dans le sondage à chute libre ordinaire.

Pendant les deux longues années que nous avons consacrées à ces études et recherches, nous avons dû, pour éviter les indiscrétions, faire nos essais et expériences, en quelque sorte indépendamment les uns des autres, sur divers de nos chantiers ; ce n'est qu'après avoir obtenu satisfaction sur tous les points, qu'avec la certitude du succès, nous avons pris le brevet qui nous permet de donner aujourd'hui la description détaillée de notre procédé.

Description du Procédé. — Pour obtenir le battage rapide, nous utilisons un moteur par rotation, analogue à celui que nous avons toujours employé pour les sondages par chute libre à débrayage ou à poids mort. La sonde, composée de tiges en fer creux, est suspendue à l'avant du balancier par une vis de rallonge, ou par tout autre moyen, et se trouve équilibrée par un contre-levier, à charge variable, attelé à l'arrière du balancier. Des rondelles Belleville sont interposées par-dessus et par-dessous le balancier et le contrebalancier, entre la tête et l'écrou de chacun des deux boulons d'attache.

Quand on imprime le mouvement de montée au balancier, le contrebalancier le suit jusqu'au moment où il rencontre une butée qui est réglée de manière à se produire quelques secondes avant que le balancier atteigne son point haut. Le mouvement se continue malgré l'arrêt du contrebalancier, grâce à l'élasticité des rondelles Belleville et à l'action du volant calé sur le moteur, dont la rapidité de marche projette la sonde et son trépan, de tout leur poids et de quelques centimètres de hauteur, sur le fond. Les rondelles agissent encore pour arrêter la flexion de la sonde qui est soulevée de suite par le moteur, aidé aussitôt également par la reprise de fonctionnement du contrebalancier d'équilibre.

La suspension de la sonde est à émerillon, pour permettre de lui imprimer pendant le battage un mouvement de rotation, soit à la main, soit mécaniquement.

Nous obtenons ainsi un battage de 70 à 80 coups par minute : l'injection simultanée de l'eau s'effectue par une pompe foulante ou rotative, envoyant directement l'eau dans la tête de sonde creuse, ou dans un réservoir élevé mis en communication permanente avec cette tête de sonde.

Quand, pour une raison quelconque, nous avons à substituer, à ce mode, le battage à la chute libre, le même mouvement, avec arrêt brusque du contre-levier, servira à faire fonctionner une coulisse à choc, d'un nouveau système également, dont nous revendiquons aussi la propriété :

La glissière qui porte le trépan surmonté d'une puissante maîtresse tige en fer plein, coulisse entre deux flasques ; sa tête en forme de tige carrée est saisie, à la descente de la sonde, dans une mâchoire en acier formée par deux taquets verticaux, dont le mouvement est dirigé par deux doubles rainures obliques, dans lesquelles glissent les deux petits tourillons qui font corps devant et derrière avec chacun des deux galets. Quand le trépan repose sur le fond du trou, la sonde redescend avec les deux flasques qui portent les deux taquets ; ces derniers s'écartent poussés par la tête de la coulisse : la sonde remonte, et les deux taquets, qui tendent à se rapprocher, enserrent la tête de la coulisse avec d'autant plus d'intensité que la charge soulevée est plus pesante. Mais lorsque, au bas de la course du balancier, le choc du contre-balancier se produit brusquement, les deux taquets projetés en l'air s'écartent et le trépan retombe de tout son poids sur le fond.

Cet appareil ne présente aucun organe extérieur ; et c'est ce qu'il nous fallait pour qu'il nous fût commode de réaliser cette autre partie de notre invention : *la substitution immédiate, en cours de travail, du battage à la chute libre avec injection d'eau*, au battage à la sonde creuse rigide.

A cet effet, la coulisse à choc est reliée à la sonde creuse par un tube perforé à double tubulure descendant de chaque côté de la coulisse, tout le long de celle-ci et de la maîtresse tige. Ces tubulures sont fixées, chacune à l'aide d'un petit collier, contre les deux flasques, et reliées entre elles, plus bas, par un ou deux cercles en fer plat enveloppant la tige du trépan : la longueur de ces tubulures est telle que leur pied touche le fond du trou, au moment où le trépan va commencer à être soulevé. Leur position est analogue à celle du double tringlage des coulisses de chute libre à poids mort.

Dans ces conditions, le forage s'exécutera à l'aide de la percussion du trépan en chute libre, sans être en aucune façon gêné par l'injection d'eau, qui agira simultanément sur le fond pour faire évacuer, par entraînement jusqu'à la surface, les résidus du broyage de la roche.

On comprend que rien ne s'oppose à l'enlèvement des descentes latérales si on veut opérer sans injection d'eau ; mais on comprend également que cette innovation, dont nous revendiquons toute la propriété, puisse s'employer pour faire l'injection d'eau avec tout autre système de coulisse à chute libre, à choc, à débrayage, ou même à poids mort. Pour les premiers, nous n'aurions qu'à faire, au moyen de flexibles, rotules ou autres, la jonction des tubulures avec la sonde creuse ; pour la chute libre à poids mort, ce seraient les tubulures qui feraient l'office du tringlage portant le chapeau de déclic, et leur extrémité supérieure se relierait à la sonde creuse, par exemple par un flexible, ou par un tube à glissière comme dans les suspensions à gaz.

Personnel de la Société. — Notre Maison, qui compte actuellement soixante-quinze années d'existence, a été fondée par MM. Flachat et Degousée. La Société a porté ensuite comme raisons sociales, les noms de Degousée et Ch. Laurent, — Mauget, Lippmann & Cie, pour devenir et rester, depuis 1877, Edouard Lippmann & Cie.

Elle est administrée depuis trente-trois ans par M. Ed. Lippmann, Ingénieur des Arts et Manufactures, qui est dans la Maison depuis 1856, et auquel est adjoint, depuis 1893, à titre également de Directeur-Gérant, son fils, Eug. Lippmann, Ingénieur des Arts et Manufactures, licencié ès sciences.

Les principaux collaborateurs sont :

M. Théodore Guérin, Ingénieur des Arts et Manufactures qui, depuis trente années, apporte un concours des plus actifs et des plus éclairés à l'étude de toutes les questions techniques, et qui s'est fait un renom bien mérité, particulièrement dans celles relatives au captage et à l'exploitation des sources minérales ;

M. Julien Dubois, Ingénieur des Ecoles d'Arts et Métiers qui, entré dans nos établissements en 1866, est toujours resté à la tête des services des Etudes et de la construction des machines et appareils qui composent nos outillages ;

M. Léon Jaunet, Ingénieur des Ecoles d'Arts et Métiers, est attaché à notre maison depuis 38 ans ; après avoir été chargé pendant plusieurs années de diriger d'importants ateliers de sondage à l'étranger, notamment en Roumanie, en Algérie, etc., etc., il a pris depuis 1871, la direction spéciale de nos ateliers de tôlerie et de construction de charpentes métalliques.

Ces trois ingénieurs, chefs de service, sont depuis très longtemps nos fondés de pouvoirs intéressés.

Nous devons citer ensuite :

M. Léon Duflot, qui après avoir débuté, il y a 45 ans, dans un de nos ateliers de sondage comme simple ouvrier, a acquis, par son travail opiniâtre et son intelligence, des connaissances théoriques et pratiques qui lui ont fait conquérir successivement les grades de contremaître, de directeur et d'ingénieur technique. Dans sa longue carrière il a été appelé à conduire des travaux importants aux Indes, en Egypte, en Italie, etc.; et la grande habileté que lui donne sa vieille expérience nous est parfois d'un utile secours pour vaincre certaines difficultés qui se présentent souvent dans l'exécution des sondages profonds.

Parmi les maîtres sondeurs qui constituent l'importante légion de nos chefs de chantiers, lesquels nous aident tous fidèlement à soutenir la réputation de notre antique maison et la renommée des sondeurs français, nous ne pouvons ici, à regret, que présenter les noms des plus anciens : Joseph Bruque, qui compte 38 années de service; Louis Rodier, 37 années: Theodore Garnier, 30 année; Pierre Schneider, 27 années; Charles Dadon, 28 années; Adam Niederlender, 27 années; Auguste Poujet, 26 années; Annet Tournadre, 25 années; Jean Plaud, 23 années, etc., etc.

Ce personnel qui conduit actuellement des travaux, ou qui forme ou a formé des élèves mettant en œuvre les matériels sortis de nos ateliers, se trouve disséminé en France, en Espagne, en Algérie en Afrique, à Madagascar, en Amérique, en Chine, aux Indes, etc.. Son groupement constitue une moyenne de plus de 60 chantiers en fonctions, sur lesquels sont occupés journellement plus de 400 hommes, ainsi que plus de 20 machines à vapeur, ou au pétrole, fournissant un ensemble d'au moins 180 chevaux de force.

Le grand essor que prend encore, et toujours, notre industrie toute spéciale, fait naître de nombreuses concurrences; c'est une lutte qu'il faut soutenir, surtout avec les pays étrangers; mais, loin de déplorer cet état de choses, nous y trouvons, au contraire, une heureuse excitation à la marche en avant, au progrès auquel nous nous efforcerons sans cesse d'apporter la plus large contribution possible.

CLASSE 114

Le lecteur qui s'intéresse à notre genre d'industrie, après avoir visité notre Exposition du Palais des Mines, au Champ de Mars, pourra encore voir, au Trocadéro, à la classe 114 (matériel colonial) l'installation que nous y faisons figurer d'un petit atelier de sondage.

L'aspect général en est très simple : C'est le groupement des matériels légers que nous construisons pour être facilement démontables, en vue de leurs transports dans les régions d'un accès souvent très difficile.

Ils sont composés d'outils et d'organes aussi simples que possible, de façon à pouvoir être maniés, entretenus et réparés par les mains les plus inexpérimentées.

Les appareils pour sondages de 2, 15 et 25 mètres que nous faisons figurer à cet emplacement, sont ceux le plus communément employés pour les recherches d'eaux souterraines superficielles, prospections minières, études de fondations, de routes, canaux, chemins de fer, etc....

Pour constituer une sorte de décor, nous reproduisons, en nature, un puits artésien encadré d'arbustes, donnant une vague idée de la création des nombreuses oasis qui doivent la vie aux forages, exécutés avec nos appareils, dans les déserts d'Algérie, de Tunisie, des Indes françaises, de Cochinchine, des Indes néerlandaises, etc., etc.

Les recherches d'eaux jaillissantes s'opèrent généralement jusqu'à des profondeurs variant entre 60 et 800 mètres; elles s'exécutent avec les matériels et les procédés présentés dans la description précédente de notre Exposition au Champ de Mars.

On peut encore voir, dans le Pavillon des Indes Néerlandaises, les pièces composant les sondes prospectives que nous commande le Ministère des Colonies des Pays-Bas, notamment pour l'exploitation à ciel ouvert de ses importantes mines d'étain de Banka.

Edouard LIPPMANN et Cie

Paris, le Juin 1900.

Paris. — Imp. Nouvelle (assoc. ouvr.), 11, rue Cadet. — A. Mangeot, dir. — 1751-1900.

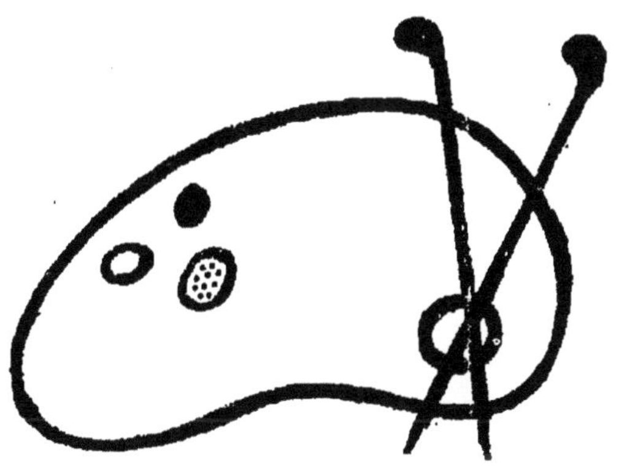

Original en couleur

NF Z 43-120-8

www.ingramcontent.com/pod-product-compliance
Ingram Content Group UK Ltd.
Pitfield, Milton Keynes, MK11 3LW, UK
UKHW020537230726
13925UKWH00005B/2331